后浪出版公司

DEYROLLE

戴罗勒
博物日记

[法]戴罗勒 编著 | 寿利雅 译

四川文艺出版社

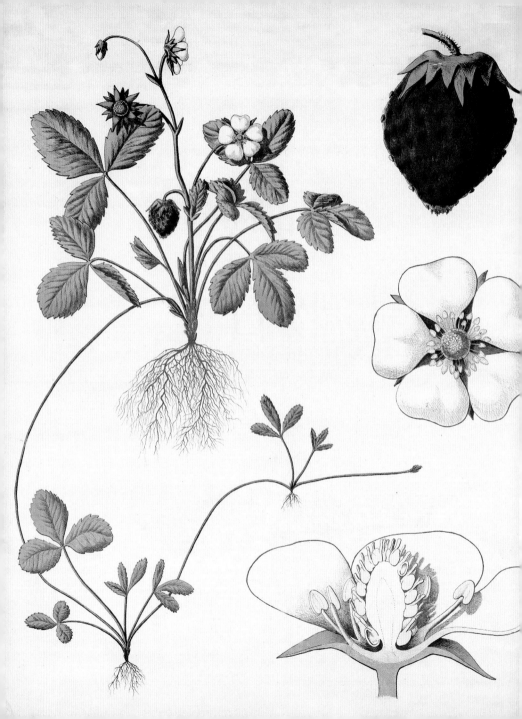

献给

自然爱好者的

万年历

_____

_____

_____

_____

为自然爱好者准备的万年历

历书，不论是旧历（儒略历）、公历（格里高利历）还是法国大革命历，永远遵循自然，遵循围绕太阳不息运转的地球的律动。蓝色、灰色、黑色的天空，漆黑的或星辰璀璨的夜，月球之于潮汐，一如公鸡啼鸣，都让我们想起太阳系这一绝妙的运行机制。

我们所生活的世界是如此丰饶。一边，我们定期编撰谱录；另一边，旧物种消逝，新物种诞生。而那无限的宇宙——海洋、热带雨林、地底——依然有待开垦……

于是，每一个流转的时日，都携带着大自然托付给我们的秘密，而我们并不总是懂得如何保守，幸好早有生花妙笔，已将它们记录在册，供我们再次飨用！

这本戴罗勒历书，便是用来分享近两百年前的一些描绘神奇和情绪的通用语言——素描——所勾勒出的关于自然的秘密。这些著名的戴罗勒版画，作为历史遗产，在1860—1950年间传遍世界，人们对它的每一次注目，都赋予它新生。而在这新生之日，当我们徜徉于被这世界共同创造的季候流转，那个杰出的自然爱好者的传奇，才将重新找回一点它的意义。

"戴罗勒之家"主席

路易斯·阿尔伯特·德·布罗吉尔

（Louis Albert de Broglie）

JANVIER

一月

POIRE

梨

1er JANVIER

....
....
....
....
....
....
....
....

2 JANVIER

....
....
....
....
....
....
....
....

3 JANVIER

....
....
....
....
....
....
....
....

4 JANVIER

....
....
....
....
....
....
....
....

5 JANVIER

....
....
....
....
....
....

芳香家族

番石榴树，结漂亮的绿色或
粉色果实，富含维生素C。属桃
金娘科。在这个大家族里，我们
还能找到不少其他可结果以及可从中提取香料或精
油的品种：比如丁香树，比如被我们称作"多香果"
的牙买加辣椒，香桃木，澳洲茶树（互叶白千层）——
注意勿与茶树混淆。

6 JANVIER

....
....
....
....
....
....
....
....

7 JANVIER

....
....
....
....
....
....
....

兰花花名

我们已知的兰花品种超过25,000种。它们中的一些，有着迷人又广受欢迎的名字，如：镜眉兰[1]、维纳斯的木鞋[2]、香草红门兰、珊瑚之根、玫瑰手参等；而其他的，尽管同样美丽，却没能得到如此优待，如：被忽视的塞拉皮亚斯兰、丘鹬兰[3]、上吊兰[4]、小丑兰以及惨绿舌唇兰等。

① 译注：中文名为角蜂眉兰。
② 译注：中文，杓兰。
③ 译注：因其合蕊柱形似丘鹬的头与长尖嘴而得名。
④ 译注：中文名为人帽兰。

8 JANVIER

....
....
....
....
....
....
....
....

9 JANVIER

....
....
....
....
....

10 JANVIER

....
....
....
....
....
....
....
....
....

COQ ET PAON

公鸡与孔雀

RACINE POTAGÈRES

菜根

11 JANVIER

....
....
....
....
....
....
....

12 JANVIER

....
....
....
....
....
....
....

13 JANVIER

....
....
....
....
....
....
....

14 JANVIER

....
....
....
....
....
....
....

15 JANVIER

....
....
....
....
....

被严加看守的咖啡豆

17世纪时，奥斯曼帝国为了保持对珍贵咖啡豆的垄断地位，在出口之前，会把咖啡豆放入沸水进行余烫。后来，荷兰人成功偷得了种豆。他们在亚洲殖民地开垦种植园，并对其严加看守。而送给路易十四的观赏用植株，适应力倒是极强，这使得法国人能够成功地在马提尼克岛上进行种植。

16 JANVIER

....
....
....
....
....
....
....
....

17 JANVIER

....
....
....
....
....
....
....

珍贵的山雀

　　山雀喜食槲寄生种子的习性，降低了这种寄生植物的传播速度。实际上，山雀完全消化掉了种子，使其无法随粪便排出体外。这些庭院常客也乐于吞食成群爆发的毛毛虫，后者的毒刺对它们并不构成威胁。此外，它们会避开松针密布的落叶区。

18 JANVIER

....
....
....
....
....
....
....

19 JANVIER

....
....
....
....
....

20 JANVIER

....
....
....
....
....
....
....
....
....

ORANGE

橘科

PALMIPÈDES

蹼足类

21 JANVIER

....
....
....
....
....
....
....

22 JANVIER

....
....
....
....
....
....

23 JANVIER

....
....
....
....
....

24 JANVIER

....
....
....
....
....
....
....

25 JANVIER

....
....
....
....
....
....

为什么叫红喉雀?

普罗旺斯流传着这样一个传说:天寒地冻的圣诞夜,一只鸟儿从一棵山毛榉飞到另一棵栎树,它苦苦求索,却找不到栖身之处。最后,一棵松树答应收留它。清晨时分,鸟儿在树根处发现一块没被大雪覆盖的空地,无数虫子在上面蠕动。它甩开肚子,美美地饱餐了一顿,吃到连喉咙都变得通红。至于松树,它也获得了奖赏,那就是四季常青。

26 JANVIER

....
....
....
....
....
....
....
....

27 JANVIER

....
....
....
....
....
....
....

28 JANVIER

....
....
....
....
....
....
....
....

29 JANVIER

....
....
....
....

30 JANVIER

....
....
....

31 JANVIER

....
....
....

洋葱之泪

为什么剥洋葱时会流泪？作物吸收了土壤里的硫元素，将它们以分子形式储存在洋葱细胞中。当菜刀划破细胞，含硫的分子与洋葱中的酶接触并发生化学反应，产生一种刺激性的挥发性气体，它与眼睛里的水分接触后生成硫磺酸。这么一来，泪就止不住了！

LÉGUMES D'HIVER

冬日蔬菜

NOTES
笔记

FÉVRIER

二月

FRUIT

水果

1ᵉʳ FÉVRIER

....
....
....
....
....
....
....
....

2 FÉVRIER

....
....
....
....
....
....
....
....

3 FÉVRIER

....
....
....
....
....
....
....
....
....
....

4 FÉVRIER

....
....
....
....
....
....
....
....

5 FÉVRIER

....
....
....
....
....
....

从橘子到小柑橘

橘子因与中国（清朝）官员的袍子颜色①相近而得名。它确实是来自中国的一种柑橘，每逢节庆，人们便拿它来馈赠高官。在法国，直到19世纪初，普通人才有幸享用。橘树与橙树杂交，结出了小柑橘。它是克莱门兄弟于1892年在阿尔及利亚发现的。

① 译注：依照中国传统服饰中官服的"品色衣"制度，官阶一品至四品，官服为绯色，与橘子颜色相近。

6 FÉVRIER

....
....
....
....
....
....
....

7 FÉVRIER

....
....
....
....
....
....
....

羽毛的舞蹈

　　紫翅椋鸟，又名欧洲八哥，在法国分布广泛。它拥有变化丰富的声线。除了夏季换毛期间，只要快活，它就会放声歌唱，发出各种音调的啼鸣、嘟啾、咕噜和吱吱声。它能模仿好几种其他鸟类的叫声，甚至模仿门铃声或电话铃声。

8 FÉVRIER

....
....
....
....
....
....
....

9 FÉVRIER

....
....
....
....
....
....

10 FÉVRIER

....
....
....
....
....
....
....
....

OISEAUX DE NUIT

夜间活动的鸟类

ORCHIDÉES

兰花

11 FÉVRIER

....
....
....
....
....
....
....
....
....

12 FÉVRIER

....
....
....
....
....
....
....

13 FÉVRIER

....
....
....
....
....
....
....
....
....

14 FÉVRIER

....
....
....
....
....
....
....

15 FÉVRIER

....
....
....
....

维生素竞赛

柠檬富含维生素C吗？当然！每100克柠檬中含维生素C65毫克。这个成绩，已经跻身富含维生素C的植物之列，但论排名，柠檬只位列第十八，在它的前面，有猕猴桃、芜菁、青椒、欧芹、黑加仑等。澳洲费氏榄仁，又称卡卡杜李，以100克中含3,000毫克维生素C，毫无异议地摘得冠军。不过，柠檬曾是旧时海军的救星，为他们治好了可怕的坏血病。

16 FÉVRIER

....
....
....
....
....
....
....
....

17 FÉVRIER

....
....
....
....
....
....
....
....

为睡眠做好准备

熊不会贸然躲进某个兽穴，并在那里开始冬眠。它们要经过一段冬眠准备期，根据个体差异，时长从4天到20天不等。选好一个地点，把它占领，然后不断回访，每次只迁入极少物品。比利牛斯熊会在十一月或十二月安顿下来，直到次年三月或四月再出洞。

18 FÉVRIER

....
....
....
....
....
....

19 FÉVRIER

....
....
....
....
....
....

20 FÉVRIER

....
....
....
....
....
....
....
....
....

FÉLINS

猫科动物

HERBACÉES

草本植物

21 FÉVRIER

....
....
....
....
....
....
....
....

22 FÉVRIER

....
....
....
....
....
....
....

23 FÉVRIER

....
....
....
....
....
....
....
....
....

24 FÉVRIER

....
....
....
....
....
....
....
....

25 FÉVRIER

....
....
....
....
....

共和国的植物

共和历的发明者，法布尔·德·埃格朗
蒂纳，给法兰西共和国历的每一天都起
了名。霜月①的第二十四天叫酸模，相当于十二月
十四日。然而，酸模直到二月才开始现身。它品种
繁多，在野外生长，遍布欧洲、亚洲和北美洲。酸
模可培育，但生长相当缓慢。

① 译注：法兰西共和历的第三月，相当于公历 11 月 21—22
日至 12 月 20—21 日。

26 FÉVRIER

....
....
....
....
....
....
....

28 FÉVRIER

....
....
....
....
....
....
....

27 FÉVRIER

....
....
....
....
....
....
....

29 FÉVRIER

....
....
....
....
....
....
....
....
....
....
....
....
....
....
....
....
....
....

从猫头鹰到其他

猫头鹰成了一种讨人喜欢的鸟。它的习性与这个名声并不相称。语言学家皮埃尔·吉罗认为，这可能是因为它的名字"chouette"与古老的动词"choueter"——意为"抚摸，爱抚"——发音相近。于是，人们用"chouette"来描述"和善的"或"令人愉悦的"。这个形容词从19世纪初开始有了市场。

CAMÉLIDÉS

骆驼科

NOTES
笔记

MARS

三月

HÉRISSON

刺猬

1er MARS

....
....
....
....
....
....
....
....

2 MARS

....
....
....
....
....
....
....
....

3 MARS

....
....
....
....
....
....
....

4 MARS

....
....
....
....
....
....
....

5 MARS

....
....
....
....
....
....

香蕉苹果

世界上有几千个苹果品种。法国现
有的苹果品种里，有将近150个属于香
蕉苹果家族。这个称谓，从16世纪开始出现，自然
意在吹嘘它的优良品质。但这也招来了一场对比，
人们把它和俄罗斯蛙，即林蛙相提并论，后者的肚
子上嵌满细小斑点，和香蕉苹果很像。

....
....
....
....
....
....
....

....
....
....
....
....
....
....

冬季列队

一只身长9厘米的戴菊，体重5~7克。它是欧洲最小的鸟类之一。这种体型方便它在密集植被中穿行，并在树皮的皲裂皱褶处捕食喜爱的昆虫。它们只有一个敌人，那就是寒冷。当严寒降临，戴菊们会组成队列，紧紧缩成一团，一个挨着一个睡觉。

....
....
....
....
....
....
....

....
....
....
....
....
....
....

....
....
....
....
....
....
....
....
....

OISEAUX

鸟类

BANANE

香蕉

11 MARS

....
....
....
....
....
....
....

12 MARS

....
....
....
....
....
....
....

13 MARS

....
....
....
....
....
....
....

14 MARS

....
....
....
....
....
....
....

15 MARS

....
....
....
....
....
....

换皮的胡萝卜

胡萝卜让人垂涎欲滴的亮橙色并非自然的恩赐。
在原产地阿富汗，或在欧洲，它曾经的颜色是
微白、黄色、红色、紫色或绿色。16世纪时，
荷兰人通过杂交白色和红色变种，培育
出了亮橙色。后者肉质更厚实，口感更
丰富，顿时让所有其他品种黯然失色。

....
....
....
....
....
....
....
....

....
....
....
....
....
....
....

追踪

蚂蚁发现食物时，会追踪信息素一路回到蚁巢。它的同类跟在它身后上路，数量越来越多，经过的每一只都会强化这条嗅觉的轨迹。就这样，虽然不知距离远近——因为不会测距——但它们总是能选出最短的路径，并以最快的速度把它标识出来。

....
....
....
....
....
....
....

....
....
....
....
....

....
....
....
....
....
....
....
....

INSECTES

昆虫

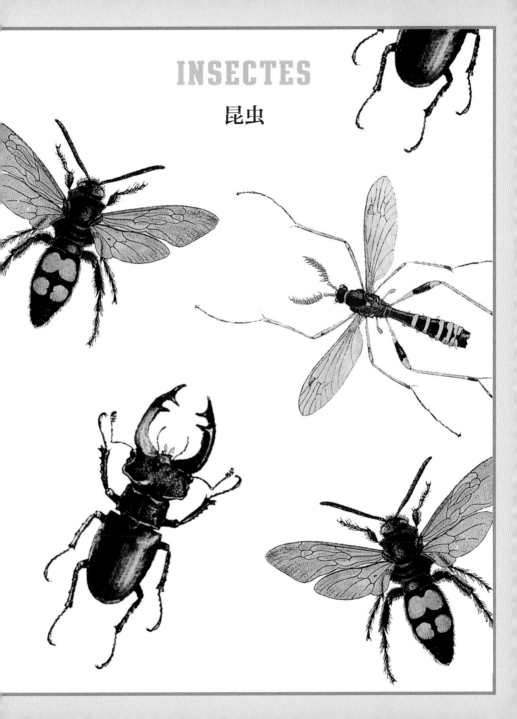

RAIE

鳐鱼

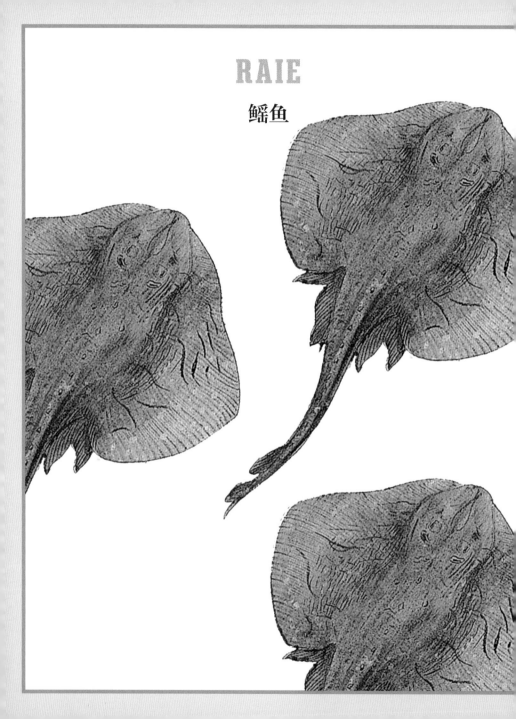

21 MARS

....
....
....
....
....
....
....
....

22 MARS

....
....
....
....
....
....
....

23 MARS

....
....
....
....
....
....
....
....

24 MARS

....
....
....
....
....
....
....

25 MARS

....
....
....
....
....
....

天下的麦子

如今世界各地都种植麦子，这得归功于古希腊城邦埃莱夫西斯的王子特里普托勒摩斯。或者说，要感谢希腊掌管农业和丰收的女神德墨忒尔。她为王子配备了一辆翼龙驱动的战车，为他备好谷物种子，并命他一路撒播。斯基泰国王林科斯对王子心生嫉妒，企图暗杀他。于是，德墨忒尔把国王变成了猞猁。

....
....
....
....
....
....
....

....
....
....
....
....
....
....

林木之美

在法国的森林中漫步，人们可能会有幸撞上"林中花海"，它们又被叫作野生银莲花。开春时，银莲花如同铺开的地毯，娇嫩的白色或粉色花朵，追随阳光在林子里的踪迹。日落后光线变暗，它们收拢花盏，以保护花粉。它们的存在证明着我们身处的是一片天然林。

....
....
....
....
....
....
....

....
....
....
....
....
....

....
....
....

....
....
....

FLEURS

花卉

NOTES
笔记

AVRIL

四月

FLEURS

花卉

....
....
....
....
....
....
....

....
....
....
....
....
....
....

....
....
....
....
....
....
....

....
....
....
....
....

....
....
....
....
....
....

有本事你来采我!

羊肚菌属于子囊菌纲，松露也是子囊菌
的一员。它们的采收时节不是秋天，
而是春天。羊肚菌喜阳，喜松土，因
为废墟中富含石灰，所以常能在那里
见到它们的身影。需要一点耐心，才
有好收成，因为羊肚菌会在它们的生
长环境里充分扎根。

6 AVRIL

〇〇〇〇〇〇〇

....
....
....
....
....
....
....

7 AVRIL

....
....
....
....
....
....
....

8 AVRIL

....
....
....
....
....
....
....

9 AVRIL

....
....
....
....
....

10 AVRIL

....
....
....
....
....
....
....

告诉我你吃什么水果?

为了获得梨子的松脆口感和如今大家熟知的味道，人们在梨树的栽种和杂交上花费了好几个世纪的时间。在文艺复兴时期的法国，它是属于贵族的水果。那个时候，梨子娇嫩，经不起久藏——更重要的是，一口咬下去，果子不会应声开裂！这正好和苹果相反，显然是少数人才能享用的水果。

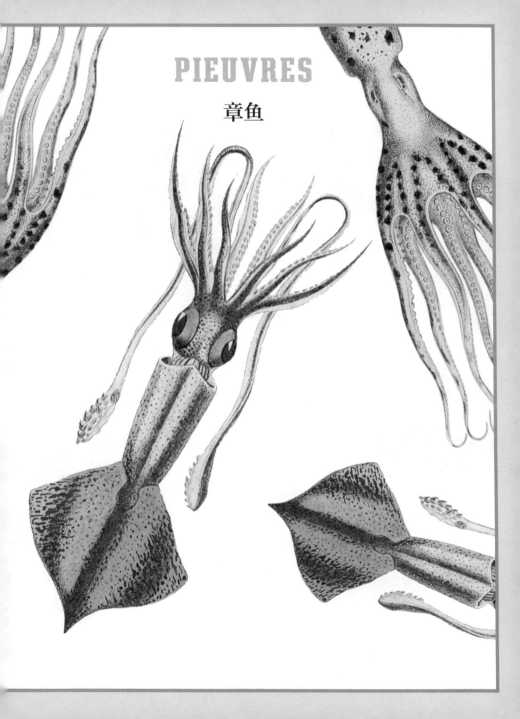

PIEUVRES

章鱼

OISEAUX

鸟类

11 AVRIL

....
....
....
....
....
....
....

12 AVRIL

....
....
....
....
....
....

13 AVRIL

....
....
....
....
....

14 AVRIL

....
....
....
....
....
....
....

15 AVRIL

....
....
....
....
....

谨慎的蜗牛

蜗牛的眼睛长在它长长的触手末端,我们称之为"触角"。不过,它更喜欢用自己的第二对触手,它们位于身下,并且具备触觉和嗅觉器官——上皮。它也能探知危险。蜗牛必须表现得特别小心,因为充当它的足的大块肌肉不能向后退缩运动。

16 AVRIL

....
....
....
....
....
....
....
....

17 AVRIL

....
....
....
....
....
....
....
....

昔日的无尾目

跟蟾蜍和林蛙一样，青蛙属于无尾目。它们都是两栖纲的成员，迷齿亚纲的后代。在脊椎动物中，迷齿亚纲无疑最先具备了四肢的特征，它们从总鳍鱼演化而来，后者是最先脱离水生活的鱼类。这个进化路径体现在青蛙的成长过程中：蝌蚪先在水里生长发育，再来到岸上生活。

18 AVRIL

....
....
....
....
....
....
....
....

19 AVRIL

....
....
....
....
....
....
....

20 AVRIL

....
....
....
....
....
....
....
....

SAULE PLEUREUR

垂柳

HÊTRE

山毛榉

21 AVRIL

....
....
....
....
....
....
....
....
....

22 AVRIL

....
....
....
....
....
....
....
....

23 AVRIL

....
....
....
....
....
....
....

24 AVRIL

....
....
....
....
....
....
....
....

25 AVRIL

....
....
....
....
....
....

时代问题

古风时期，白杨曾和柏树争夺墓园绿荫的美称。白杨与死亡还有另一层关联，那就是，人们曾用它来搭建绞架。但法国大革命赋予了它荣耀，因为它的拉丁名"populus"，意为"人民"。从此，人们开始叫它"自由之树"，并且，所有白杨被栽下时，都伴有隆重的庆祝仪式。

26 AVRIL

....
....
....
....
....
....
....
....

27 AVRIL

....
....
....
....
....

出其不意的女猎人

一只雄性欧洲雀鹰的身体可长达35厘米，而雌性雀鹰则接近41厘米。因此，雌鸟喜欢捕食身型庞大的鸟类，比如斑鸫或者鸽子，而对雄性来说，山雀就已经足够了。这些鸟类捕手追踪猎物时，常常低空飞行。为了达到出其不意的效果，它们会表现得极其安静和有耐心，这是它们最喜欢用的技巧。

28 AVRIL

....
....
....
....
....
....
....

29 AVRIL

....
....
....
....
....
....

30 AVRIL

....
....
....
....
....
....
....

HIRONDELLE

燕子

NOTES
笔记

MAI
五月

LYS

百合

4 MAI

....
....
....
....
....
....
....

MAI

....
....
....
....
....
....

5 MAI

....
....
....
....
....
....

MAI

....
....
....
....
....
....
....
....
....

弗雷齐耶先生的草莓

法国军事工程师阿梅代·弗朗索瓦·弗雷齐耶先生，被路易十四派往拉丁美洲，他在那里发现了"智利白"，一种比欧洲已知的所有草莓都要大得多的品种。他带回的其中一个植株，非常适应布列塔尼地区普卢加斯泰的温和气候，甚至在那里通过杂交生出了其他几个品种。草莓让这个地区闻名遐迩，兴旺繁盛。

6 MAI

....
....
....
....
....
....
....
....

7 MAI

....
....
....
....
....
....
....
....

8 MAI

....
....
....
....
....
....
....
....

9 MAI

....
....
....
....
....
....

10 MAI

....
....
....
....
....
....
....
....
....

濒危的南美大鹦鹉

南美大鹦鹉在高耸的大树上筑巢，巨大的树窝对它们非常重要。热带雨林被破坏，参天大树也变得稀有，南美大鹦鹉只好在更矮小的树上栖身，曾经只能望天兴叹的天敌，如今轻易就能将它们捕获。然而，小鹦鹉必须长到两岁，才能独立生存；要长到4岁，才具备繁衍能力。

PERROQUETS

鹦鹉

BLEUET

矢车菊

11 MAI

....
....
....
....
....
....
....

12 MAI

....
....
....
....
....
....

13 MAI

....
....
....
....
....
....

14 MAI

....
....
....
....
....
....
....

15 MAI

....
....
....
....
....
....

是一朵百合吗?

人们相信，是卡佩王朝的路易七世为
法国王室选择了百合花作为徽章图
案。但如果我们仔细观察，就会发
现，它更像一朵鸢尾花。名字是造成
混淆的原因。在法兰克人的法兰克语里，
鸢尾花实际叫作"lieschbloem"，
和法语的百合（lys）发音接近。

16 MAI

....
....
....
....
....
....
....
....

17 MAI

....
....
....
....
....
....
....
....

红色虞美人

在"一战"期间的佛兰德尔，爆炸产生的热量催生出石灰——在园艺师那里，它们被称作"树白"，既能根除侵入果树的细菌，也可以肥沃土壤。

接着，覆盖着石灰的田野被虞美人占据，它们在新翻的土地上如火如荼地开放。战争结束后，石灰被土壤吸收，消失得无影无踪。

18 MAI

....
....
....
....
....
....
....
....

19 MAI

....
....
....
....
....
....
....

20 MAI

....
....
....
....
....
....
....
....
....

RHINOCÉROS

犀牛

FLEURS

花卉

21 MAI

....
....
....
....
....
....
....

22 MAI

....
....
....
....
....
....
....

23 MAI

....
....
....
....
....
....

24 MAI

....
....
....
....
....
....
....

25 MAI

....
....
....
....
....
....

昂贵的鸢尾

人们从鸢尾根中提取一种制作香氛的原材料。这需要十足的耐心！要等鸢尾花长足三年，才可以采收它的根茎。接着，将鸢尾根收在黄麻袋子里，保存3年，直到它彻底干燥。然后把它研磨成极细的粉末，经过蒸馏提取鸢尾脂，再从中取得原精。价格不菲，那是毫无疑问的！

26 MAI

....
....
....
....
....
....
....
....

27 MAI

....
....
....
....
....
....
....
....

恶魔蝾螈

中世纪时，人们指控蝾螈和恶魔交好。它有这个名声，是因为一旦人用手接触过蝾螈，再把手指放进嘴里，就会呕吐不止。蝾螈的皮肤外包裹着一层液体，能防止它们脱水，后者对这种两栖动物来说是致命的。碰到这种液体会产生灼烧感，这也使其天敌望而却步。

28 MAI

....
....
....
....
....
....
....
....

29 MAI

....
....
....
....
....
....

30 MAI

....
....
....

31 MAI

....
....
....

POISSONS

鱼类

NOTES
笔记

JUIN
六月

LIN

亚麻

....
....
....
....
....
....
....

....
....
....
....
....
....
....

杏之爱

往日安达卢西亚的姑娘们，喜欢在她们的胸衣里藏上一些杏树叶和杏花瓣。她们相信，是这个小机关让她们变得不可抗拒。然而，杏并不含任何催情物质。这个浪得的虚名，实际上是因为古希腊时期，人们把杏树和爱神维纳斯联系在一起，所以它的果实也随之成了一种女性的象征。

6 JUIN

一 二 三 四 五 六 日

....
....
....
....
....
....
....
....

7 JUIN

一 二 三 四 五 六 日

....
....
....
....
....
....
....
....

8 JUIN

一 二 三 四 五 六 日

....
....
....
....
....
....
....
....

9 JUIN

一 二 三 四 五 六 日

....
....
....
....
....
....
....

10 JUIN

一 二 三 四 五 六 日

....
....
....
....
....
....
....
....

田鼠还是老鼠?

怎样分辨学名为"Mus musculus"的家鼠，和被称作"Apodemus Sylvaticus"的田鼠呢？从比例上看，田鼠的尾巴比家鼠的短，但它们的耳朵和眼睛则更大。田鼠的棕色毛发偏红褐，而不是偏灰。另一个不会出错的信号是，只有在极冷的冬天，田鼠才会主动跑到人类家里来。

PRUNE

李

ÉLÉPHANT

象

11 JUIN

....
....
....
....
....
....

12 JUIN

....
....
....
....
....
....

13 JUIN

....
....
....
....
....
....

14 JUIN

....
....
....
....
....
....
....

15 JUIN

....
....
....
....

胡椒的颜色

所有胡椒都来自一种名为黑胡椒的藤本植物。它们的颜色由处理浆果的方式决定。青色胡椒是保湿储存的未成熟浆果，黑色胡椒由几近成熟的浆果发酵后风干而成。浆果成熟后，胡椒呈红色，去掉表皮则为白色。总是呈粉末状的灰胡椒，是黑色表皮和白色内核的混合物。

16 JUIN

....
....
....
....
....
....
....
....

17 JUIN

....
....
....
....
....
....
....
....

18 JUIN

....
....
....
....
....
....
....
....

19 JUIN

....
....
....
....
....
....
....
....

从拉丁名"APICULA"到蜜蜂

直到16世纪，人们仍沿用古法语，把蜜蜂叫作"蜜蝇"，这名字听起来并不怎么诱人。我们现在用的名字，来自普罗旺斯方言中的"abelha"一词，它和养蜂人"apiculture"一样，都源自拉丁语词"apicula"。人们称蜂群为"abeillon"，称蜂箱为"abeiller"，而养蜂法"abeillage"（1791年被废除）规定的则是蜂箱及其蜂群的所有者（国王、修道院院长等）的权利和义务。

20 JUIN

....
....
....
....
....
....
....
....
....

IRIS

鸢尾

PAPILLONS

蝴蝶

21 JUIN

....
....
....
....
....
....

22 JUIN

....
....
....
....
....
....

23 JUIN

....
....
....
....
....
....
....
....

24 JUIN

....
....
....
....
....
....

25 JUIN

....
....
....
....
....

刹那绚烂

大天翼蛾，又称大孔雀蛾，是欧洲最大的蝴蝶：一只雄蛾的翼展可达20厘米。有彩色圆形图案装饰它的4个翅膀。这些眼状斑让人联想到孔雀的羽毛，它也因此得名。可惜啊，它们只能存活一个礼拜，而所有的时间都被用来繁衍后代。雄蛾的触须能让它定位几公里以外的雌蛾。

26 JUIN

....
....
....
....
....
....
....

27 JUIN

....
....
....
....
....
....
....

28 JUIN

....
....
....
....
....
....
....

29 JUIN

....
....
....
....
....

30 JUIN

....
....
....
....
....
....
....

奇特的爬行动物

变色龙虽然是蜥蜴家族的一员，但它们具有非常独特的体貌特征。尾巴可以占到身长的一半，这方便它们把自己牢牢地挂在树上。辅助攀爬的工具还有爪钳，是它们的两个脚趾合扣形成的。

FRUITS ROUGES

红色浆果

NOTES
笔记

JUILLET

七月

ALGUES

藻类

er JUILLET

....
....
....
....
....
....
....

JUILLET

....
....
....
....
....
....

JUILLET

....
....
....
....
....
....
....

4 JUILLET

....
....
....
....
....
....
....
....

5 JUILLET

....
....
....
....
....
....

樱桃时节

在法国，布尔拉甜樱桃的种植面积
超过樱桃总种植面积的一半。果
树栽培者莱昂纳德·布尔拉1915
年来到里昂，他在那里发现了
一株樱桃树，美丽的树叶让
他着迷。于是他产生了把它嫁接在一棵
野樱桃树上的想法。由此就诞生了一个
名为"毕佳罗"的新变种，它的果粒硕大，
果肉饱满，浓郁多汁，预示着取得了巨大的成功。

棕榈树全身都是宝

棕榈树，或棕榈科，是由将近2,500个品种组成的大家庭。棕榈树不是树；它们没有树干只有茎，被叫作不分枝直立茎干；它们没有枝丫只有棕榈叶。棕榈树有极高的经济价值，既能产果、产糖、产油、产植物象牙、产织物纤维，还能充当建筑材料。

INSECTES

昆虫

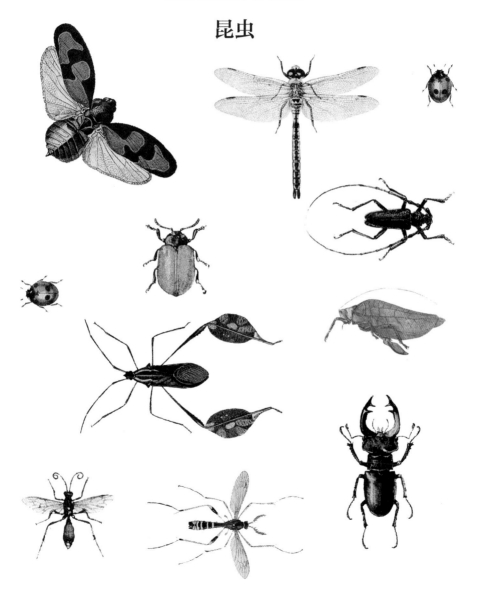

ARBRES DU SUD

南方的树

11 JUILLET

....
....
....
....
....
....
....
....
....

12 JUILLET

....
....
....
....
....
....
....
....

13 JUILLET

....
....
....
....
....
....
....
....

14 JUILLET

....
....
....
....
....
....
....
....

15 JUILLET

....
....
....
....
....
....
....

水、盐和耐心

橄榄是唯一一种即便已经完全成
熟,也不能被直接采摘食用的水果:
它那坚硬又极其苦涩的果实让人望
而却步。人们在筛选和清洗橄榄之后,
还必须去除它的苦味。苏打洗液可以加
速去苦的过程,但在这些烦琐的步骤里首当其冲的,
是盐——干盐粒或浓盐水。

16 JUILLET

三四五六日

....
....
....
....
....
....
....

17 JUILLET

三四五六日

....
....
....
....
....
....
....

攀缘的香子兰

　　香子兰原先只长在墨西哥，后来，欧洲人把它们引进到各自的殖民地种植园。这是一种藤本植物，而攀缘需要支撑，所以人们也在香子兰园里栽种树木。印度人发明出一套混合种植法：让香子兰把根茎缠绕在胡椒、椰子树或鸡腰果树上，这样还能收获腰果。

18 JUILLET

三四五六日

....
....
....
....
....
....
....

19 JUILLET

四五六日

....
....
....
....
....
....
....

20 JUILLET

三四五六日

....
....
....
....
....
....
....

COQUELICOT

虞美人

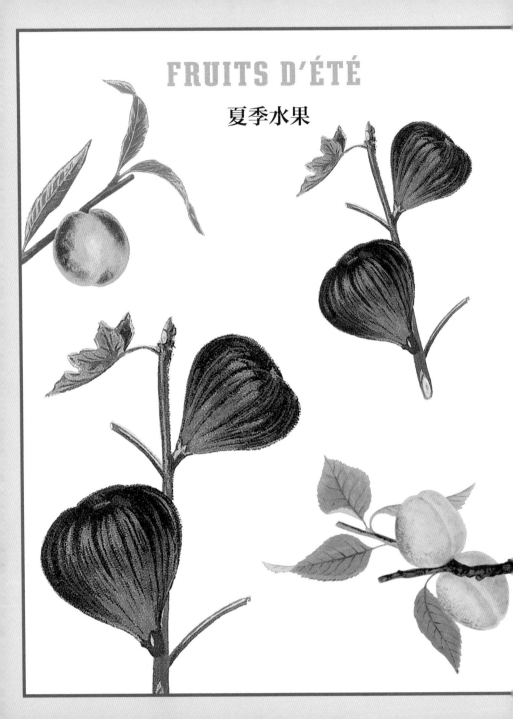

FRUITS D'ÉTÉ

夏季水果

21 JUILLET

....
....
....
....
....
....
....
....

24 JUILLET

....
....
....
....
....
....
....
....

22 JUILLET

....
....
....
....
....
....
....

25 JUILLET

....
....
....
....
....
....
....

23 JUILLET

....
....
....
....
....
....
....
....

不是波斯的桃

林奈为桃树起了"波斯李"的名字，以
公然表达对希腊人的蔑视。桃树是从安
纳托利亚引进的，而林奈相信那里就是
桃树的原产地。实际上，桃树是被沙漠商队经
由丝绸之路带到欧洲的，它最早诞生在中国的北部。
公元前3世纪后，中国人对桃树进行了改良，因为
野生状态下，桃树只能结出苦果。

26 JUILLET

....
....
....
....
....
....
....

27 JUILLET

....
....
....
....
....
....

橄榄树和民主

雅典娜和波塞冬争夺对雅典的庇护权。国王凯克洛普斯要求他们每人送一件礼物：让人民来决定哪件更有用。波塞冬变出了一匹向披靡的战马，而雅典娜则拿出了一根橄榄枝。男人们投票支持战马，而人数更多的女人们，则选择了橄榄枝。于是雅典娜当选。不过，为了平息波塞冬的愤怒，男人们取消了女人们的投票权。

28 JUILLET

....
....
....
....
....
....
....

29 JUILLET

....
....
....
....
....
....

30 JUILLET

....
....
....

31 JUILLET

....
....
....

GROSEILLES

醋栗

NOTES
笔记

AOÛT

八月

ÉPONGES

海绵

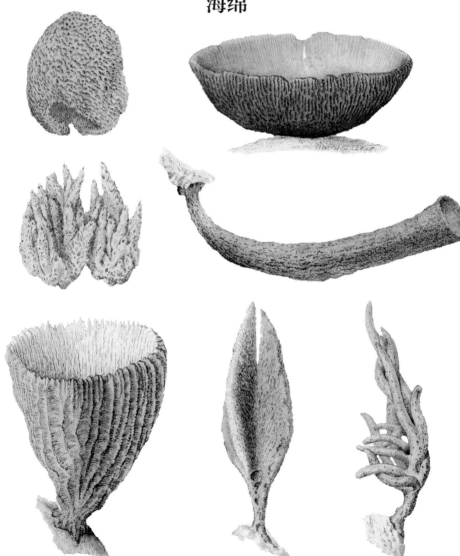

ᵉʳ AOÛT

....
....
....
....
....
....
....
....

2 AOÛT

....
....
....
....
....
....

3 AOÛT

....
....
....
....
....
....

4 AOÛT

....
....
....
....
....
....
....
....

5 AOÛT

....
....
....
....
....
....

会飞的鱼

以"会飞"著称的海洋鱼类组成了飞鱼(Exocoetidae)科。它们依靠无比巨大的胸鳍,得以滑翔飞行,目的在于摆脱天敌。出水后先往前推进,再展开鱼鳍。它们从不拍打"翅膀"。以60公里的时速,飞鱼每跃起一次,能够滑翔50米甚至更远。如果有必要,连续飞行多次,也是可以的。

6 AOÛT

....
....
....
....
....
....
....
....

7 AOÛT

....
....
....
....
....
....
....

采撷无花果的艺术

怎样辨认熟透了的无花果？有句谚语说，她
应该有"一栋穷人的房子，一只醉眼和一个虔
诚的脖子"。意思是，它的果皮呈深褐色，尾部
的小孔挂着珍珠状的糖水滴，果柄稍稍
弯折。只有当露水消失，阳光照耀大地，
人们才可以采摘这种水果，或者说，采摘这种"伪
水果"。

8 AOÛT

....
....
....
....
....
....
....
....

9 AOÛT

....
....
....
....
....

10 AOÛT

....
....
....
....
....
....
....
....

PALMIER

棕榈树

MÉDUSES

水母

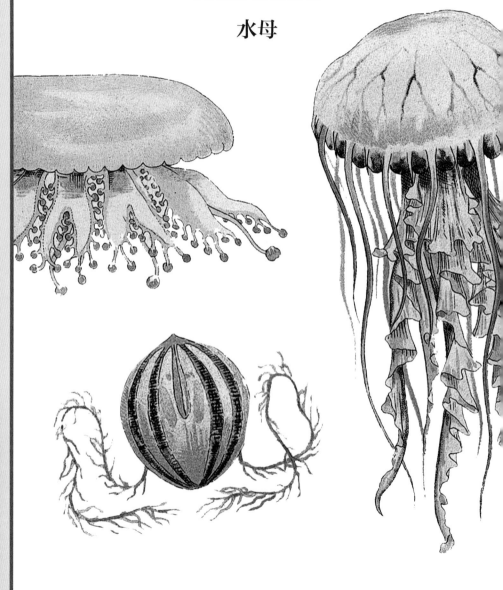

1 AOÛT

....
....
....
....
....
....
....
....

14 AOÛT

....
....
....
....
....
....

2 AOÛT

....
....
....
....
....
....
....
....

15 AOÛT

....
....
....
....
....
....

3 AOÛT

....
....
....
....
....
....
....

不死的水母

在加勒比海海域，悠闲地生活着灯塔水母，
这种小型水母大小不到5毫米，却长着不少
触手。它的特点是，在性成熟后，能重回年
幼时的形态。所以，只从生物学上讲，它是
长生不老的，但这既不意味着它坚不可摧，
也不能抵挡来自天敌的攻击。

16 AOÛT

....
....
....
....
....
....
....
....

17 AOÛT

....
....
....
....
....
....
....

宙斯的覆盆子

眼见着克洛诺斯吞掉了自己的孩子们，瑞亚把自己的新生儿托付给山林仙女伊达照料。婴儿名叫宙斯。一天，伊达想让宙斯尝尝覆盆子的味道，却在灌木丛里划破了自己的胸部。鲜血流到浆果上，果实从白色变成了红色。于是就有了覆盆子深奥的名字"Rubus-idaeus"——伊达山上的树莓。这说明，白色的覆盆子非常常见。

18 AOÛT

....
....
....
....
....
....
....
....

19 AOÛT

....
....
....
....
....
....

20 AOÛT

....
....
....
....
....
....
....
....

ABRICOT

杏

NAUTILE

鹦鹉螺

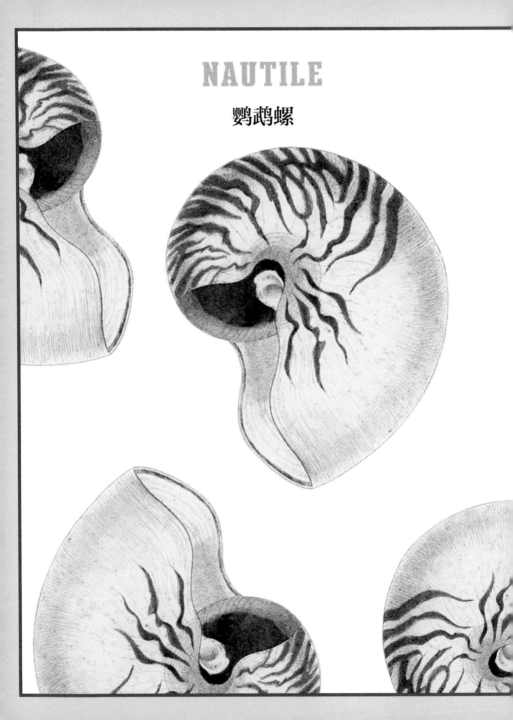

21 AOÛT

22 AOÛT

23 AOÛT

24 AOÛT

25 AOÛT

长臂猿家族

长臂猿，这种亚洲大猩猩，实行的是一夫一妻制（单配偶动物）。一对长臂猿夫妇每2~4年才孕育一只小长臂猿。幼猿两岁断奶，7岁离开父母，去寻找它生命中的雌性或雄性配偶。每天清晨，长臂猿夫妇都要界定领地，并用特有的啼声警告同类。不幸的是，这叫声也让偷猎者确定了它们的方位。

26 AOÛT

....
....
....
....
....
....
....
....

27 AOÛT

....
....
....
....
....
....
....
....

28 AOÛT

....
....
....
....
....
....
....
....

29 AOÛT

....
....
....
....
....
....

30 AOÛT

....
....
....

31 AOÛT

....
....
....

醋栗与鱼

多刺的醋栗有些不太好听的别名：气球、钩虱草等。通常人们叫它鲭鱼醋栗。这不光是因为鲭鱼喜食醋栗，人们也用它来做鱼饵——在英国和荷兰，几个世纪前，人们就开始拿醋栗汁配鲭鱼。除了增酸，也助消化。

MARTIN-PÊCHEUR

翠鸟

NOTES
笔记

SEPTEMBRE

九月

CÉRÉALES

谷物

1er SEPTEMBRE

....
....
....
....
....
....
....

2 SEPTEMBRE

....
....
....
....
....
....
....

3 SEPTEMBRE

....
....
....
....
....
....
....

4 SEPTEMBRE

....
....
....
....
....
....
....

5 SEPTEMBRE

....
....
....
....
....

集中羊毛

金翅雀（法文名为飞廉雀，"chardonneret"）因喜食飞廉（chardon）的种子而得名。细长的喙方便它们啄食时不被刺到。然而，它们在飞廉刺丛中活动，还有另外一个目的：绵羊路经刺丛时，与草刺刮擦，留下了羊毛絮。到了春天，无比细心的雌雀会收集这些羊毛，把它们垫在鸟巢里。

6 SEPTEMBRE

....
....
....
....
....
....
....

8 SEPTEMBRE

....
....
....
....
....
....
....

7 SEPTEMBRE

....
....
....
....
....
....
....

9 SEPTEMBRE

....
....
....
....
....
....

10 SEPTEMBRE

....
....
....
....
....
....
....
....

解不了的渴

桉树原产于澳大利亚。当地土著发现，桉树有极强的从土壤中吸收水分的能力。于是把它们的根当作水泵来使用：只要把根须的一头放进水沼，在另一头连接汲水的容器即可。桉树吸干沼泽的同时，也消灭了一种传播疟疾的昆虫，所以它们有一个别名，叫"发烧树"。

RAISIN

葡萄

CARPE

鲤鱼

11 SEPTEMBRE

....
....
....
....
....
....
....
....

12 SEPTEMBRE

....
....
....
....
....
....
....
....

13 SEPTEMBRE

....
....
....
....
....
....
....
....

14 SEPTEMBRE

....
....
....
....
....
....
....
....

15 SEPTEMBRE

....
....
....
....
....
....

哦，蜻蜓，停住你的翅膀！

蜻蜓是艺术家的灵感之源，人们也常把它们比作孩子。但这种优雅的昆虫有着不为人知的秘密。掩藏在它们匀称协调的身影下的，是令人生畏的昆虫猎手的身份。它的翅膀看起来脆弱，实际上却各自独立，能让它以接近36公里的时速飞行。这是一个名副其实的昆虫捕猎者！

16 SEPTEMBRE

....

....

....

....

....

....

....

....

17 SEPTEMBRE

....

....

....

....

....

....

....

....

18 SEPTEMBRE

....

....

....

....

....

....

....

....

19 SEPTEMBRE

....

....

....

....

....

....

....

....

20 SEPTEMBRE

....

....

....

....

....

....

....

....

著名的矢车菊

矢车菊的学名Centaurea cyanus，源自希腊
神话中半人半兽（centaure）的喀戎。
这个德高望重的人物，是很多英雄——
包括阿基琉斯和赫拉克里斯——的老
师。他应该是在用矢车菊的汁液疗愈伤口
时，发现了它的特性。名字里的Cyanus，
则是对少年诗人克雅诺斯（Cyanos）的致敬，
他死后，花神把他变成了矢车菊，以感谢他
对自然的崇高赞美。

COLCHIQUE

秋水仙

SEICHE

墨鱼

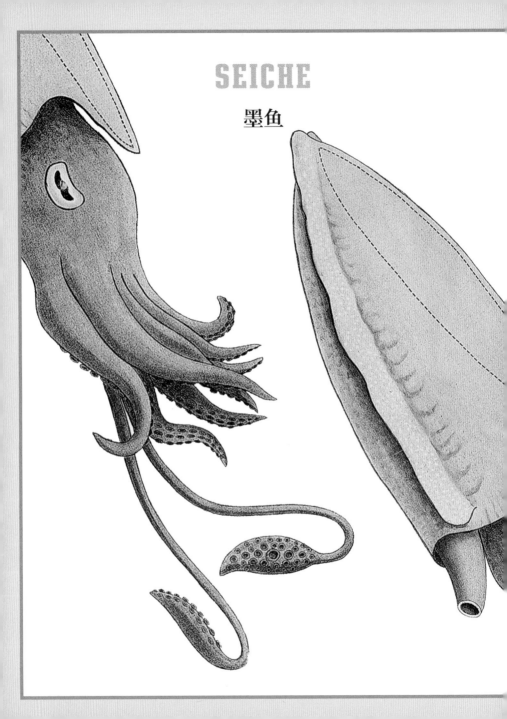

21 SEPTEMBRE

....
....
....
....
....
....

22 SEPTEMBRE

....
....
....
....
....

23 SEPTEMBRE

....
....
....
....
....
....
....

24 SEPTEMBRE

....
....
....
....
....
....
....

25 SEPTEMBRE

....
....
....
....
....

消灭根瘤蚜虫！

1861年，根瘤蚜这种害虫在法国加尔省
的葡萄园里肆虐。这一虫害已经遍及
世界各地。但在北美，一种土生土长
的美洲葡萄（Vitis labrusca）却可以抵
御蚜虫的侵袭。在不抱任何希望地进行
了无数次无效治理后，人们决定引进这些
美洲植物。它们被用来做砧木，拯救了欧
洲的葡萄树和葡萄苗。

26 SEPTEMBRE

....
....
....
....
....
....
....
....

27 SEPTEMBRE

....
....
....
....
....
....
....
....

28 SEPTEMBRE

....
....
....
....
....
....

29 SEPTEMBRE

....
....
....
....
....
....
....
....

30 SEPTEMBRE

....
....
....
....
....
....
....
....
....

珍贵的松香

人们用什么来拨动弦乐器的琴弦？用什么来给鞋子上防滑涂层？手球运动员拿来涂手以便更稳当地接球的东西是什么？制作颜料和肥皂时，我们都要用到它。答案是松香。我们能在海松的树脂——也就是松脂里找到它。松香是蒸馏提取松节油后，留下的那部分固体物。

AMANITE

鹅膏菌

NOTES
笔记

OCTOBRE
十月

CAFÉIER

咖啡树

....
....
....
....
....
....
....
....

....
....
....
....
....
....
....
....

....
....
....
....
....
....
....
....

....
....
....
....
....
....

....
....
....
....
....
....

田凫的噪声

田凫会频繁地扇动翅膀。这噪音也是它们得名的原因。它让人想起人们拿柳条簸箕颠动谷粒，筛出干草和杂质的声音。布冯在他的《自然史·鸟类》里提到过，人们有时把田凫叫作"十八"，因为这两个音节的发音（dix-huit）跟它们的叫声很像。

6 OCTOBRE

....
....
....
....
....
....
....
....

7 OCTOBRE

....
....
....
....
....
....
....

从柳树到阿司匹林

埃及人曾用白柳树皮煎汤来退烧和
缓解疼痛。这个做法一度失传，
直到19世纪，科学家们
分离出柳树主要的有效成
分——水杨酸。就这样，1899
年成为一种传奇药物在医学和
商业取得巨大成功的起点，
这种药物，就是阿司匹林。

8 OCTOBRE

....
....
....
....
....
....
....

9 OCTOBRE

....
....
....
....
....
....

10 OCTOBRE

....
....
....
....
....
....
....
....

EUCALYPTUS

桉树

BOLET

牛肝菌

1 OCTOBRE

....
....
....
....
....
....
....

2 OCTOBRE

....
....
....
....
....
....
....

3 OCTOBRE

....
....
....
....
....
....
....

14 OCTOBRE

....
....
....
....
....
....
....

15 OCTOBRE

....
....
....
....
....
....

美不一定好

雪球，蓝脚（紫丁香蘑），蕈菌，丰饶之角（喇叭菌），墨滴，牧场玫瑰，三文鱼奶黄，披头鬼（鬼伞菌），鸡油菌……所有这些名字有何共同之处？它们被用来形容可食用的菌类。相反，人们会避开外观漂亮的卷边网褶菌、纹缘盔孢伞或丝膜菌：这些菌类对人是致命的。

16 OCTOBRE

17 OCTOBRE

18 OCTOBRE

19 OCTOBRE

20 OCTOBRE

灰与红的对抗

红松鼠在英格兰过着宁静的生活，而它们的美洲兄弟灰松鼠，在19世纪末时，来到了英国。它们野蛮地和红松鼠抢夺食物，并传染给它们一种病毒，这种病毒对灰松鼠自己是无害的。它们就这样无耻地大大缩减了森林物种的数量，最后把红松鼠赶出了大不列颠。唉，它们应该马上就到法国了。

AMPHIBIENS

两栖动物

FEUILLES

叶子

1 OCTOBRE

....
....
....
....
....
....
....
....

2 OCTOBRE

....
....
....
....
....
....
....

3 OCTOBRE

....
....
....
....
....
....
....
....
....

24 OCTOBRE

....
....
....
....
....
....
....

25 OCTOBRE

....
....
....
....
....
....

飞蝇如金

松露蝇不是一种普通的飞蝇：它能帮助扛着松露镐采收松露的人找到这种菌类。它们把自己的卵直接产进成熟的松露里，好让幼虫在里面孵化。那么，找到松露蝇就会有好收成吗？要是你眼力超群的话！

26 OCTOBRE

....
....
....
....
....
....
....
....

28 OCTOBRE

....
....
....
....
....
....
....

27 OCTOBRE

....
....
....
....
....
....
....

29 OCTOBRE

....
....
....
....
....
....
....

30 OCTOBRE

....
....
....

31 OCTOBRE

....
....
....

生育模范

老鼠是地球上生活得最久的哺乳动物之一。为了保证种群繁衍，它们有一个制胜法宝：极强的生育能力。雌鼠40天达到性成熟，一年怀胎4~8次，每一窝生6~12只幼鼠。如此算来，一对老鼠一年最多能生出96个后代。

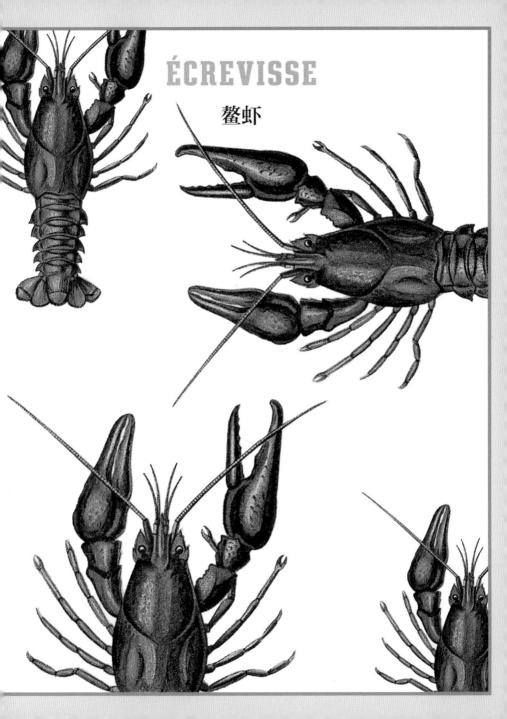

ÉCREVISSE

鳌虾

NOTES
笔记

NOVEMBRE
十一月

MORUE

鳕鱼

发芽的心

我们可以通过扦插培育出漂亮的凤梨植株。只要把削去果肉的叶冠浸在盛水的容器里，等它长出根系就可以了。不过……为了促使果实快速生长，种植者通常会摘除或者烧掉花序轴。那样的话，扦插繁殖就不可行了。

6 NOVEMBRE

....
....
....
....
....
....
....
....

7 NOVEMBRE

....
....
....
....
....
....
....
....

8 NOVEMBRE

....
....
....
....
....
....
....
....

9 NOVEMBRE

....
....
....
....
....
....
....
....

栎树做的墨水

我们有时能在栎树叶子上发现一些赘生物。它们是由昆虫 —— 最常见的是黄蜂——叮咬引起的。这些树瘤果里含有丹宁。古埃及人很早就拿它来制作隐显墨水，直到19世纪，这种墨水还很受欧洲人欢迎。往里面加入硫酸铁后，墨水会变成黑色。

10 NOVEMBRE

....
....
....
....
....
....
....
....

CACAO ET THÉ

可可与茶

RAPACES

猛禽

11 NOVEMBRE

....
....
....
....
....
....
....
....

12 NOVEMBRE

....
....
....
....
....
....
....
....

13 NOVEMBRE

....
....
....
....
....
....
....
....

14 NOVEMBRE

....
....
....
....
....
....
....

15 NOVEMBRE

....
....
....
....
....

大葱竞赛

与苏格兰接壤的诺森伯兰郡居民热衷于种植大葱。他们曾举办过一场大葱竞赛，为最粗壮的大葱加冕。这棵大葱高达2米，周长28厘米。这次比赛实在引来了太多参赛者，以至他们把自己的伴侣称作"大葱寡妇"（leek widows）。

16 NOVEMBRE

....
....
....
....
....
....
....

17 NOVEMBRE

....
....
....
....
....
....
....

森林好人

啄木鸟精通爬树的技艺。它们用弯弯的爪子扣紧树皮，再拿尾巴撑住身体，小步跳跃着前进。它们用细长的喙在树干上凿洞。黏糊糊、长着倒钩的长舌头方便它们逮住蛀虫，以防止虫害扩散。

18 NOVEMBRE

....
....
....
....
....
....
....

19 NOVEMBRE

....
....
....
....
....
....
....

20 NOVEMBRE

....
....
....
....
....
....
....
....
....

ARAIGNÉE

蜘蛛

HARICOT

豆类

21 NOVEMBRE

....
....
....
....
....
....
....
....

22 NOVEMBRE

....
....
....
....
....
....
....
....

23 NOVEMBRE

....
....
....
....
....
....
....
....

24 NOVEMBRE

....
....
....
....
....
....
....

25 NOVEMBRE

....
....
....
....
....
....

正时兴的防风草

防风草虽然香甜可口，但在文艺复
兴时期，王公贵族却弃之不用，使它流
落民间，被民众大量食用。到了18
世纪，土豆的引进让人们忘记了防
风草的存在。有机农业的发展再次把
它推到风口浪尖。咱们的防风草，不
需要悉心照料，易于料理，成了一种
时髦的蔬菜。

26 NOVEMBRE

....
....
....
....
....
....
....
....

27 NOVEMBRE

....
....
....
....
....

28 NOVEMBRE

....
....
....
....
....
....
....
....

29 NOVEMBRE

....
....
....
....
....

30 NOVEMBRE

....
....
....
....
....
....
....
....

蝙蝠是怎么生出来的?

布列塔尼有一个传说，讲的是一只老鼠向一只燕子借宿。燕子提出一个条件，让老鼠替它孵蛋。幼鸟破壳后，全身被毛发覆盖，长着老鼠的身体和一对属于魔鬼的带钩的翅膀。燕子女王把它们关进隐修院，并禁止它们在天黑前出门。

FOUGÈRES

蕨类植物

NOTES
笔记

DÉCEMBRE
十二月

CERVIDÉS

鹿

^{er} DÉCEMBRE

....
....
....
....
....
....
....

DÉCEMBRE

....
....
....
....
....
....
....

DÉCEMBRE

....
....
....
....
....
....
....

4 DÉCEMBRE

....
....
....
....
....
....
....

5 DÉCEMBRE

....
....
....
....
....
....

枞树的大用处

枞树的名字"sapin"来源于拉丁语"sapa"，意为"浆液"。它丰富的树脂含量并不妨碍它成为建筑木料。正相反，在枞树繁茂的山区，树脂是木屋阻隔严寒的天然屏障。而木匠蚁则拿它来制作小木丸，防止蚁巢遭受细菌侵害。

6 DÉCEMBRE

....
....
....
....
....
....
....

7 DÉCEMBRE

....
....
....
....
....
....

公主与橙花

于尔桑①的公主从她两个孀居的姐姐那里，继承了丰厚的遗产和强大的王国。17世纪末，公主殿下疯狂地爱上了橙花精油，使它成为风行之物。因为她还是内罗拉的公主，所以人们又把这个瑰宝叫作"内罗拉精油"。

① 译注：地名，在现瑞士境内。

8 DÉCEMBRE

....
....
....
....
....
....
....

9 DÉCEMBRE

....
....
....
....
....
....

10 DÉCEMBRE

....
....
....
....
....
....
....

ORTIE

荨麻

AVOCAT

牛油果

1 DÉCEMBRE

....
....
....
....
....
....
....
....

2 DÉCEMBRE

....
....
....
....
....
....
....
....

3 DÉCEMBRE

....
....
....
....
....
....
....
....

14 DÉCEMBRE

....
....
....
....
....
....
....
....

15 DÉCEMBRE

....
....
....
....
....
....

惊险的交配

生活在热带的斑络新妇 (大木林蜘蛛), 深受雌雄异形之苦: 母蜘蛛比公蜘蛛体型大了上千倍。当后者打算完成生殖使命时, 便会来到这个无边的布景前, 用抖动身体的方式, 向母蜘蛛宣告。如此小心谨慎, 主要是为了防止自己被母蜘蛛吞吃掉。

16 DÉCEMBRE

....
....
....
....
....
....
....
....

17 DÉCEMBRE

....
....
....
....
....
....
....

18 DÉCEMBRE

....
....
....
....
....
....
....

19 DÉCEMBRE

....
....
....
....
....

20 DÉCEMBRE

....
....
....
....
....
....
....
....

牡蛎养殖户的苦役

牡蛎被放入蚝田，使其获得风味，这个过程叫"精养"。一种名叫蓝硅藻的微型藻类会让它们染上一层绿色。2~3年后，待到牡蛎长成，养殖户还要把它们清洗、筛选、分档，最后平整地放入篮子，签章封印，才可以进行商业流通。

LANGOUSTE

龙虾

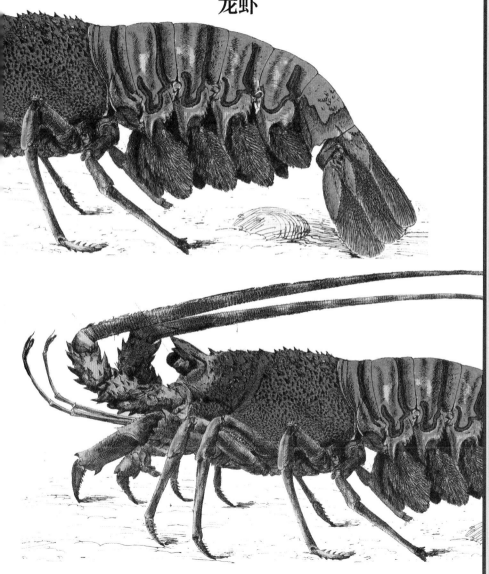

SAPIN

枞树

1 DÉCEMBRE

....
....
....
....
....
....
....

2 DÉCEMBRE

....
....
....
....
....
....
....

3 DÉCEMBRE

....
....
....
....
....
....
....

24 DÉCEMBRE

....
....
....
....
....
....
....

25 DÉCEMBRE

....
....
....
....
....
....

第九只驯鹿

牧师克莱蒙·克拉克·莫尔，在1823年创造圣诞老人时，给他配备了8头驯鹿。1939年广告人罗伯特·L.梅创造了第九只驯鹿——鲁道夫。这个角色获得了极大的成功，并带来了可观的利润。可惜的是，它的创造者并不拥有著作权。1947年，梅收回了对鲁道夫的著作权，接着写下了红鼻子驯鹿之歌，这使他获利颇丰。

26 DÉCEMBRE

....
....
....
....
....
....
....

27 DÉCEMBRE

....
....
....
....
....
....
....

28 DÉCEMBRE

....
....
....
....
....
....
....

29 DÉCEMBRE

....
....
....
....
....
....
....

30 DÉCEMBRE

....
....
....

31 DÉCEMBRE

....
....
....

猫头鹰的耳朵

枭和鸮都属于鸱鸮科，怎样区分它们呢？只有鸮长着2根冠毛。它在夜出时发出叱号的声响，因此得名。我们能在法国见到4个种类的鸮：雕鸮（欧洲大公爵）、长耳鸮（欧洲中型公爵）、红角鸮（欧洲小公爵）、短耳鸮。

CRABES

蟹

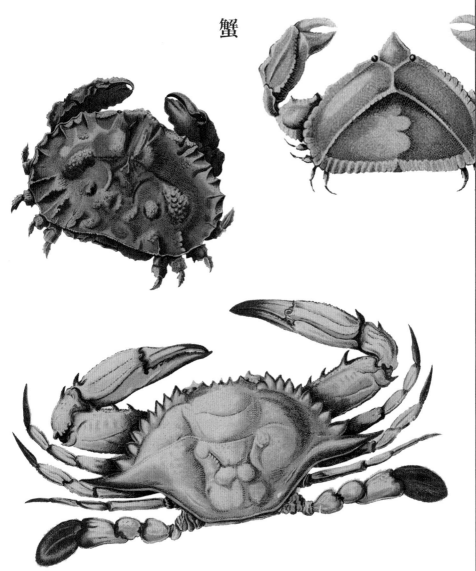

NOTES
笔记

戴罗勒宇宙的一年

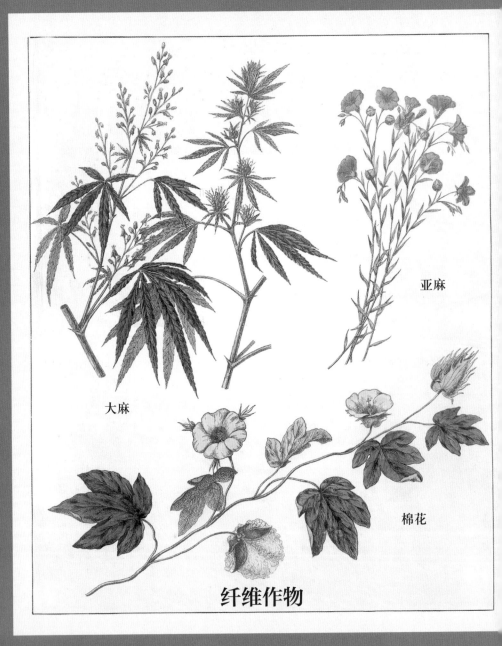

亚麻

大麻

棉花

纤维作物

戴罗勒的宇宙

从 1831 年开始，戴罗勒便致力于唤起儿童和成人对自然之美的关注。这个教育和科学机构专注于动物标本剥制术和昆虫学，它的"珍奇屋"举世无双，对参观者和收藏家而言，徜徉其中，是一场不可思议的旅行。戴罗勒卓越的藏品，也是艺术家的灵感之源，为他们打开了看待世界的崭新视角。从超现实主义艺术家安德烈·布勒东和萨尔瓦多·达利，到当代艺术家达明·赫斯特和黄永砅，戴罗勒从未停止用展览和合作的方式，揭示联结自然、科学和艺术的强大力量。

此外，戴罗勒也继续着它自成立以来通过教学版画进行科普教育的使命——内容涵盖动物学、植物学、解剖学、实物教学等——这些版画从 19 世纪开始，便被许多国家用来装饰教室的墙面。如今，戴罗勒视传承为机构运营的价值核心，特别要提到戴罗勒的未来系列，它围绕可持续发展、当代环境与社会问题，编撰出一套教学工具。对一些人来说，戴罗勒是想象力之源；而对于其他人，戴罗勒则是学习的伙伴。巴黎这间传奇之屋的使命，是引领人观察自然，感受自然之美，以便我们更好地读懂它，并更好地保护它。戴罗勒与这个已存在千年并将永恒存在的自然之间的纽带，便是它现代性的源泉。

一月	二月	三月
1er	1er	1er ....
2	2	2 ....
3	3	3 ....
4	4	4 ....
5	5	5 ....
6	6	6 ....
7	7	7 ....
8	8	8 ....
9	9	9 ....
10	10	10 ....
11	11	11 ....
12	12	12 ....
13	13	13 ....
14	14	14 ....
15	15	15 ....
16	16	16 ....
17	17	17 ....
18	18	18 ....
19	19	19 ....
20	20	20 ....
21	21	21 ....
22	22	22 ....
23	23	23 ....
24	24	24 ....
25	25	25 ....
26	26	26 ....
27	27	27 ....
28	28	28 ....
29	29	29 ....
30		30 ....
31		31 ....

四月	五月	六月
1er	1er	1er ....
2	2	2 ....
3	3	3 ....
4	4	4 ....
5	5	5 ....
6	6	6 ....
7	7	7 ....
8	8	8 ....
9	9	9 ....
10	10	10 ....
11	11	11 ....
12	12	12 ....
13	13	13 ....
14	14	14 ....
15	15	15 ....
16	16	16 ....
17	17	17 ....
18	18	18 ....
19	19	19 ....
20	20	20 ....
21	21	21 ....
22	22	22 ....
23	23	23 ....
24	24	24 ....
25	25	25 ....
26	26	26 ....
27	27	27 ....
28	28	28 ....
29	29	29 ....
30	30	30 ....
	31	

七月	八月	九月
1er	1er	1er ....
2	2	2 ....
3	3	3 ....
4	4	4 ....
5	5	5 ....
6	6	6 ....
7	7	7 ....
8	8	8 ....
9	9	9 ....
10	10	10 ....
11	11	11 ....
12	12	12 ....
13	13	13 ....
14	14	14 ....
15	15	15 ....
16	16	16 ....
17	17	17 ....
18	18	18 ....
19	19	19 ....
20	20	20 ....
21	21	21 ....
22	22	22 ....
23	23	23 ....
24	24	24 ....
25	25	25 ....
26	26	26 ....
27	27	27 ....
28	28	28 ....
29	29	29 ....
30	30	30 ....
31	31	

十月　　　　　　　　十一月　　　　　　　　十二月

十月	十一月	十二月
1er	1er	1er ....
2	2	2 ....
3	3	3 ....
4	4	4 ....
5	5	5 ....
6	6	6 ....
7	7	7 ....
8	8	8 ....
9	9	9 ....
10	10	10 ....
11	11	11 ....
12	12	12 ....
13	13	13 ....
14	14	14 ....
15	15	15 ....
16	16	16 ....
17	17	17 ....
18	18	18 ....
19	19	19 ....
20	20	20 ....
21	21	21 ....
22	22	22 ....
23	23	23 ....
24	24	24 ....
25	25	25 ....
26	26	26 ....
27	27	27 ....
28	28	28 ....
29	29	29 ....
30	30	30 ....
31		31 ....

NOTES
笔记

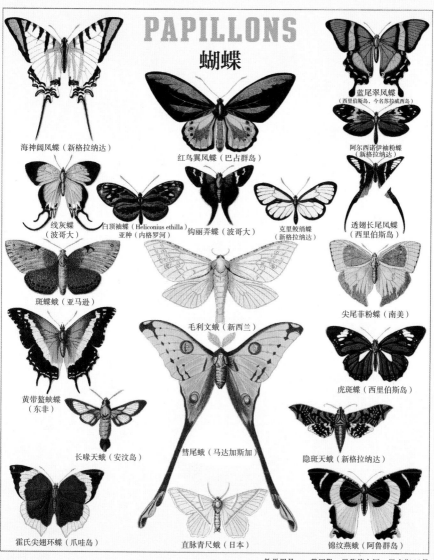

PAPILLONS
蝴蝶

海神阔凤蝶（新格拉纳达）

红鸟翼凤蝶（巴占群岛）

蓝尾翠凤蝶
（西里伯斯岛，今名苏拉威西岛）

阿尔西诺伊袖粉蝶
（新格拉纳达）

线灰蝶
（波哥大）

白顶袖蝶（Heliconius ethilla）
亚种（内格罗河）

钩丽弄蝶（波哥大）

克里鲛绡蝶
（新格拉纳达）

透翅长尾凤蝶
（西里伯斯岛）

斑蝶蛾（亚马逊）

毛利文蛾（新西兰）

尖尾菲粉蝶（南美）

黄带螯蛱蝶
（东非）

长喙天蛾（安汶岛）

彗尾蛾（马达加斯加）

虎斑蝶（西里伯斯岛）

隐斑天蛾（新格拉纳达）

霍氏尖翅环蝶（爪哇岛）

直脉青尺蛾（日本）

锦纹燕蛾（阿鲁群岛）

教学用具——戴罗勒，巴黎第七区，巴克街46号

FRUITS

水果

番石榴
（Psidium pyriferum）桃金娘科

鳄梨
（Persea gratissima）樟科

枸橼
（Citrus limon）芸香科

凤梨
（Ananassa sativa）凤梨科

香蕉
（Musa paradisiaca）芭蕉科

教学博物馆——艾米丽·戴罗勒诸子，巴黎第七区，巴克街46号

图书在版编目（CIP）数据

戴罗勒博物日记 / (法)戴罗勒编著 ; 寿利雅译 . — 成都 :
四川文艺出版社 , 2018.11
　ISBN 978-7-5411-5192-7

　Ⅰ . ①戴… Ⅱ . ①戴… ②寿… Ⅲ . ①自然科学—普及读物 Ⅳ . ① N49

中国版本图书馆 CIP 数据核字 (2018) 第 236357 号

　Author: Deyrolle
　Title: L'almanach perpétuel
　First published by GALLIMARD LOISIRS,Paris
　©GALLIMARD LOISIRS,2015
　©DEYROLLE pour les images
　Simplified Chinese edition arranged through Dakai Agency Limited

简体中文版权归属于银杏树下（北京）图书有限责任公司
版权登记号 图进字：21-2018-514

DAILUOLE BOWU RIJI

戴罗勒博物日记

[法] 戴罗勒 编著

寿利雅 译

选题策划　　　银杏树下
出版统筹　　　吴兴元
编辑统筹　　　郝明慧
责任编辑　　　王筠竹
责任校对　　　汪 平
特约编辑　　　郝明慧
装帧制造　　　墨白空间·肖雅
营销推广　　　ONEBOOK

出版发行　　四川文艺出版社（成都市槐树街 2 号）
网　　址　　www.scwys.com
电　　话　　028-86259287（发行部） 028-86259303（编辑部）
传　　真　　028-86259306

邮购地址　　成都市槐树街 2 号四川文艺出版社邮购部 610031
印　　刷　　天津图文方嘉印刷有限公司
成品尺寸　　150mm × 190mm　1/24
印　　张　　10　　　　　　　　　字　数　20 千字
版　　次　　2018 年 11 月第一版　　印 次　2018 年 11 月第一次印刷
书　　号　　ISBN 978-7-5411-5192-7
定　　价　　49.80 元

后浪出版咨询(北京)有限责任公司常年法律顾问：北京大成律师事务所
周天晖 copyright@hinabook.com